BEI GRIN MACHT SICH IHR WISSEN BEZAHLT

- Wir veröffentlichen Ihre Hausarbeit, Bachelor- und Masterarbeit

- Ihr eigenes eBook und Buch - weltweit in allen wichtigen Shops

- Verdienen Sie an jedem Verkauf

Jetzt bei www.GRIN.com hochladen und kostenlos publizieren

Bibliografische Information der Deutschen Nationalbibliothek:

Die Deutsche Bibliothek verzeichnet diese Publikation in der Deutschen National-
bibliografie; detaillierte bibliografische Daten sind im Internet über http://dnb.d-
nb.de/ abrufbar.

Impressum:

Copyright © 2017 GRIN Verlag
Druck und Bindung: Books on Demand GmbH, Norderstedt Germany
ISBN: 9783668690929

Erik Leitenberger

Bewertung von Carbon-Keramik-Scheibenbremsen unter tribologischen Gesichtspunkten

GRIN Verlag

Bewertung von Carbon-Keramik-Scheibenbremsen unter
tribologischen Gesichtspunkten

Kurzfassung

Die vorliegende Arbeit beschäftigt sich mit der Bewertung des Nutzens und des Mehrwertes von Carbon-Keramik-Bremsscheiben (C/SiC-Bremsscheiben). Hierfür wird dem Leser zunächst ein Einblick in die Grundlagen der Tribologie und der Scheibenbremsen gewährt. Aufbauend auf diesen Grundlagen werden verschiedene, handelsübliche Werkstoffe verglichen und die Besonderheiten von Carbon-Keramik-Bremsscheibe beschrieben. Diese Besonderheiten äußern sich in werkstoffspezifische Eigenschaften, darunter Wärmeausdehnung, Dichte und Masse. Auch auf die Gründe des größten Nachteils von C/SiC-Scheibenbremsen – den Kosten – wird explizit eingegangen. Diese resultieren aus einem aufwendigen Herstellverfahren, welches in dieser Arbeit näher beschrieben wird. Zusammenfassend lässt sich feststellen, dass C/SiC-Bremsscheiben über signifikante Vorteile verfügen, diese jedoch noch nicht im Verhältnis zu den Kosten stehen.

Inhaltsverzeichnis

Kurzfassung II

Inhaltsverzeichnis III

Abbildungsverzeichnis IV

Tabellenverzeichnis IV

Formelverzeichnis IV

1 Einleitung 1

2 Tribologie 2

3 Reibung 3
   3.1 Reibungszustände 4
   3.2 Reibungsarten 5
   3.3 Reibungszahl 6

4 Verschleiß 7
   4.1 Verschleißarten 7
   4.2 Verschleiß-Messgrößen 7
   4.3 Verschleißmechanismen 8
      4.3.1 Oberflächenzerrüttung 8
      4.3.2 Abrasion 8
      4.3.3 Adhäsion 9
      4.3.4 Tribochemische Reaktionen 9
   4.4 Übersicht Mechanismen und Verschleißformen 9

5 Scheibenbremsen 11
   5.1 Entwicklung und Geschichte 11
   5.2 Aufbau der Scheibenbremse 12
   5.3 Bremssattel 14
      5.3.1 Festsattel 14
      5.3.2 Rahmensattel 15
      5.3.3 Faustsattel 15
   5.4 Bremsscheibe 15
      5.4.1 Bremsbeläge 16
   5.5 Funktionsweise 17
   5.6 Sondereffekte 17
      5.6.1 Fading 17
      5.6.2 Rubbeln 18
      5.6.3 Thermo-Shock 18
   5.7 Gründe für Carbon Bremsen 18
   5.8 Wirtschaftliche Aspekte 20

6 Werkstoff 21
   6.1 Kohlenstofffaserverstärktes Siliziumcarbid 21
   6.2 Herstellung 21
   6.3 Eigenschaften von Karbonverstärktem Siliziumcarbit 23

7 Tribologisches System Scheibenbremse 25
   7.1 Systembeschreibung 25
   7.2 Gleitverschleiß 25
   7.3 Verschleiß von Carbon-Keramik-Bremsscheiben 26
      7.3.1 Abrasiver Verschleiß 26
      7.3.2 Rissbildung durch Oberflächenzerrüttung 26

7.3.3 Tribochemische Reaktion bei Bremsen..26

8 Fazit **28**

A Literaturverzeichnis...**29**

Abbildungsverzeichnis

Abbildung 1: Überblick über die Reibungszustände..4

Abbildung 2: Reibungsdreieck...5

Abbildung 3: Detailprozesse der Abrasionskomponente des Verschleißes.............................8

Abbildung 4: Modell des adhäsiven Verschleißes 9

Abbildung 5: Bremskoeffizienten im Vergleich 13

Abbildung 6: Festsattel..14

Abbildung 7: Schwimmrahmensattel 15

Abbildung 8: Vergleich von massiver und innengelüfteter Bremsscheibe............................16

Abbildung 9: Kräfte während des Bremsvorganges 17

Abbildung 10: Vergleich von Werkstoffeigenschaften...19

Abbildung 11: Herstellungsprozess der Bremsscheibe...22

Abbildung 12: Tragkörper einer C/SiC-Bremsscheibe im Schnitt..22

Abbildung 13: Verschleißindikator ausgebrannt Verschleißgrenze erreicht 27

Tabellenverzeichnis

Tabelle 1: Hauptverschleißmechanismen und deren Erscheinungsformen...............................9

Tabelle 2: Eigenschaftsvergleich 24

Formelverzeichnis

1.1   Bremsenkennwert   17

1.2   Reibkraft   17

1.3   Zuspannkraft   17

1.4   Bremsenkennwert   17

1 Einleitung

Das alltägliche Leben ist geprägt von tribologischen Phänomenen, sei es in der Industrie, im Haushalt oder im Straßenverkehr. Viele Systemeigenschaften resultieren aus dem Verhalten der Aktionspartner und werden als störend empfunden. In anderen Bereichen dient die Tribologie der Sicherheit und wird nutzbringend verwendet. Ein solches System wird in dieser Arbeit näher beschrieben.

Betrachtet man die Geschichte des Automobils, so wird klar ersichtlich, dass die Ingenieure ein Ziel in den Vordergrund gestellt haben – die Geschwindigkeit. So verwundert es nicht, dass das erste Fahrzeug über gar keine Bremsen verfügte. Jedoch wurde den Entwicklern schnell bewusst, dass ein schnelles Fahrzeug auch irgendwann zum Stehen kommen muss. Aus diesem Grund wurden verschiedene Bremsen entwickelt und verwendet. Lange Zeit setzten die Hersteller auf die Trommelbremse. Diese erfüllte ab Mitte des 20. Jhd. jedoch nicht mehr alle Voraussetzungen – der Drang nach höheren Geschwindigkeiten hatte das etablierte Bremssystem überholt. Aus diesem Grund begann die Siegesserie der Scheibenbremse, deren Entwicklung in der heutigen Carbon-Keramik-Scheibenbremse gipfelt.

Das Aufzeigen der Vorteile der Carbon-Keramik-Bremsscheiben gegenüber anderen Bremsscheiben stellt die Hauptaufgabe dieser Arbeit dar. Hierfür wird explizit auf die tribologischen Systemeigenschaften eingegangen. Für das Verständnis dieser Eigenschaften werden zunächst die Grundlagen der Tribologie – die Reibung und der Verschleiß – erläutert. Nachfolgend werden die Grundlagen der Scheibenbremse beschrieben. Der größte technologische Vorteil der C/SiC-Scheibenbremse gegenüber anderen Scheibenbremsen ist der verwendete Werkstoff. Dementsprechend werden die Eigenschaften von Carbon-Keramik näher beschrieben. Nach dem Erläutern der Grundlagen wird das tribologische System definiert und beschrieben. Geschlossen wird die Arbeit durch eine Zusammenfassung der Ergebnisse, so wie einem Ausblick über die zukünftige Entwicklung und Verwendung von C/SiC-Bremsscheiben.

2 Tribologie

Tribologie untersucht die Einwirkung von Oberflächen, die in relativer Bewegung zu einander stehen. Gebieter dieser Wissenschaft sind Reibung und Verschleiß, die Schmierung und Grenzflächenwechselwirkung. Dies kann in Systemen, sowohl zwischen Festkörpern als auch zwischen Festkörpern und Flüssigkeiten oder Gasen sein. (Santner u. a. 2002, S.3)

Tribologie ist die Wissenschaft und Technik von Wirkflächen in Relativbewegung und zugehöriger Technologien und Verfahren. Die Tribologie ist ein interdisziplinäres Fachgebiet zur Optimierung mechanischer Technologien durch Verminderung reibungs- und verschleißbedingter Energie- und Stoffverluste.

3 Reibung

Bei der Reibung zweier Körper handelt es sich um keine Werkstoffpaarungseigenschaft, sondern um eine Systemeigenschaft, dem so genannten Bewegungswiderstand (Czichos & Habig, 2015, S. 93). In vielen Fällen ist Reibung ein unerwünschtes Phänomen und wird zu verhindern versucht, da es die Funktionalität von Systemen negativ beeinflusst. Zu dieser negativen Beeinflussung gehören Energieverluste aus dem System, Temperaturerhöhungen und bei übermäßigen Reibung der Verschleiß (vgl Kapitel 4). In diesen Fällen wird daher versucht die Reibung, durch effektive Gegenmaßnahmen, zu beseitigen. Darunter fallen Schmierstoffe oder der Ersatz der gleitenden Bewegung (Sommer, Heinz, & Schöfer, 2014, S. 6 ff.). Es bestehen aber auch viele Anwendungsfälle von Reibung, bei denen der Effekt erwünscht ist. Hierrunter fallen Reibkupplungen oder die Reibung bei Bremsvorgängen des PKWs (Sommer, Heinz, & Schöfer, 2014, S. 7).

Die makroskopische Betrachtung versteht sich unter dem Coulombschen Reibungsgestz. Hierbei wird die Festkörperreibung bei Gleitbewegungen, welche von Fläche und Geschwindigkeit unabhängig ist, als

$$f = \frac{F_R}{F_N} \ (1.1)$$

Mit f= Reibungszahl, F_R= Reibungskraft und F_N= Normalkraft definiert. Dies stellt ein vereinfachtes Verständnis der Reibung dar (Sommer, Heinz, & Schöfer, 2014, S. 7). Die Mikroskopische Betrachtung fasst das Verständnis der Reibung weiter. Hierbei wird die Reibung als ein Energieumsetzungsprozess verstanden. Dieser beschreibt die Reibung als physikalische und chemische Wechselwirkungen zwischen den Reibpartner in Form von Oberflächen- und Werkstoffveränderungen (Sommer, Heinz, & Schöfer, 2014, S. 8).

3.1 Reibungszustände

Reibungszustände dienen der Beschreibung der Reibung eines tribologischen Systems, darunter (Czichos & Habig, 2015, S. 93) (Ingenieurkurse, 2016) (vgl. Abbildung 3.1):

- Festkörperreibung, Unmittelbare Reibung beim Kontakt fester Körper, unter Verzicht von Grenzschichten.

- Grenzreibung, Festkörperreibung, bei welcher mindestens einer der Reibpartner mit einem molekularen Grenzschichtfilm überzogen ist.

- Flüssigkeitsreibung, Es kommt zu keinem Kontakt der Reibpartner. Diese sind durch ein Trennmedium aus einem flüssigen Aggregatszustand getrennt.

- Gasreibung, Im Wesentlichen der Flüssigkeitsreibung gleich, nur dass das Trennmedium gasförmig ist.

- Mischreibung, Es liegt sowohl Festkörperreibung, als auch Flüssigkeitsreibung vor. Teile der Reibpartner sind umfasst von Flüssigkeit, andere Teile wirken direkt aufeinander ein.

Abbildung 1: Überblick über die Reibungszustände

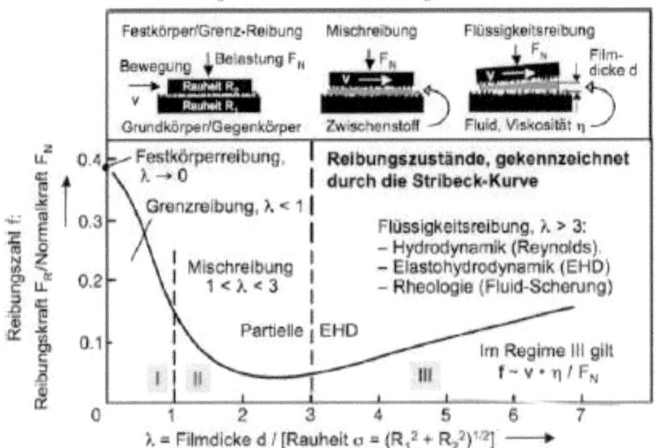

Quelle: (Czichos & Habig, 2015, S. 94)

3.2 Reibungsarten

Neben der Klassifizierung der Reibungszustände, lassen sich auch die Reibungsarten unterscheiden. Hierbei unterscheidet man zwischen der Ruhereibung (Haftreibung, statische Reibung) und Bewegungsreibung (dynamische Reibung) (Sommer, Heinz, & Schöfer, 2014, S. 10).

Die Haftreibung wirkt zwischen zwei statischen Körpern und beschreibt die erforderliche Kraft, um eine Relativbewegung der Körper erzeugen zu können. Anders als bei Gleitreibungen kommt es zu keinem Energieumsetzungsprozess und somit zu keinem damit verbundenen Verlust (Sommer, Heinz, & Schöfer, 2014, S. 10).

Die dynamische Reibung unterteilt man weiter nach ihren kinematischen Gesichtspunkten. Hierbei unterscheidet man zwischen Gleit-, Bohr-, Roll- und Wälzreibung (vgl. Abbildung 3.2) (Czichos & Habig, 2015, S. 113).

Abbildung 2: Reibungsdreieck

Quelle: (Czichos & Habig, 2015, S. 113)

Gleitreibung entsteht bei translatorischen Relativbewegungen bei sich kontaktierenden Materialien. Diese Kontaktbewegungen sind zu unterteilen in radiale, axiale, drehende und schubführende Bewegungen (Czichos & Habig, 2015, S. 114). Die Bohrreibung definiert rotatorische Relativbewegungen zwischen Körpern, bei welchen die Drehachse senkrecht zur Kontaktfläche aufliegt. Die Reibung zwischen einem punktförmigen und einem linienförmigen

Körper beschreibt die Rollreibung. Handelt es sich bei den Rollpartner um einen durch Gleitmittel behandelte Oberflächen, so spricht man von Wälzreibung (Sommer, Heinz, & Schöfer, 2014, S. 10).

3.3 Reibungszahl

Die Reibungszahl, oder auch Reibungskoeffizient genannt, ist ein dimensionsloses Maß, welches die Reibkraft im Verhältnis zur Normalkraft (bzw. Anpresskraft) beschreibt. Wesentliche Veränderungen erleidet die Reibungszahl unter Gesichtspunkten der Adhäsion und der Deformation (Sommer, Heinz, & Schöfer, 2014, S. 13). Der Reibungskoeffizient (f bzw. μ) ist definiert als (Kalpakjian, Schmid, & Werner, 2011, S. 247):

$$\mu = \frac{FR}{FN} = \frac{\tau}{\sigma} \quad (1.2)$$

mit τ definiert als Scherfestigkeit der Kontaktstelle und σ definiert als Normalspannung. Beides abhängig von der wahren Kontaktfläche der Oberflächen.

Allgemeingültige Gesetzmäßigkeiten zwischen der Reibungszahl und den, die Reibungszahl beeinflussenden, Parametern existieren nicht. Dementsprechend muss die Reibungszahl durch Versuche ermittelt werden.

4 Verschleiß

Der durch mechanische Ursachen hervorgerufene Materialverlust an Oberflächen wird als Verschleiß bezeichnet. Von in der Technik unerwünschten Verschleißvorgängen, sind Bearbeitungsvorgänge abzugrenzen. Die Beanspruchung einer Oberfläche wird als tribologische Beanspruchung bezeichnet und wird durch die relative Bewegung zweier Gegenkörper verursacht. Verschleiß ist eine Systemgröße und daher keine Eigenschaft der beteiligten Elemente. (Santner u. a. 2002, S. 5)

4.1 Verschleißarten

In Tribologischen Systemen treten sieben verschiedene Verschleißarten auf

- Gleitverschleiß

- Wälzverschleiß

- Stoßverschleiß

- Schwingungsverschleiß

- Furchungsverschleiß

- Strahlverschleiß

- Erosion

Da beim Bremsvorgang lediglich der Gleitverschleiß eine Rolle spielt wird auch nur dieser genauer betrachtet.

4.2 Verschleiß-Messgrößen

Die Kennzeichnung des Verschleißes und Messung der Resultate erfolgt durch Verschleißmessgrößen und Verschleißerscheinungsformen. Dabei wird unterschieden zwischen:

- Veränderungen an Gestalt und Masse eines Körpers. Verschleißmessgrößen sind Änderung an Verschleiß-Länge, -Fläche oder –Volumen.

- Änderungen der Oberfläche durch Verschleiß werden mittels Verschleißerscheinungsformen beschrieben. (Czichos & Habig 2015, S. 132)

4.3 Verschleißmechanismen

Verschleißmechanismen sind physikalische und chemische Wechselwirkungen im Kontaktbereich des tribologischen Systems. Dabei treten vier Mechanismen auf Oberflächenzerrüttung, Abrasion, Adhäsion und tribochemische Reaktionen, die im Folgenden beschrieben werden. (Czichos & Habig 2015, S. 133) Diese Hauptmechanismen können einzeln, sich abhängig von Einflussgrößen ablösend oder parallel auftreten. Sie führen aber immer zu Verschleißpartikeln und somit zu Materialverlust. (Czichos & Habig 2015, S. 145)

4.3.1 Oberflächenzerrüttung

Die Oberflächenzerrüttung entsteht durch hohe und periodische Durchbeanspruchung. Zerrüttung kommt häufig in Wälzlagern oder Zahnradpaarungen vor. Die Folge sind Risse und Grübchen. (Czichos & Habig 2015, S. 134)

4.3.2 Abrasion

Abrasion entsteht, wenn harte Teile in Schmierstoffen oder deutlich härtere Gegenkörper in tribologischen Kontakt treten. Dabei entsteht ein Materialverlust der Abrieb genannt wird. Es wird zwischen vier Arten der Abrasion unterschieden, dem Mikropflügen, -spanen, -ermüden und –brechen. Diese unterschieden sich hauptsächlich durch Verformung und Abrieb. (Czichos & Habig 2015, S. 138)

Abbildung 3: Detailprozesse der Abrasionskomponente des Verschleißes

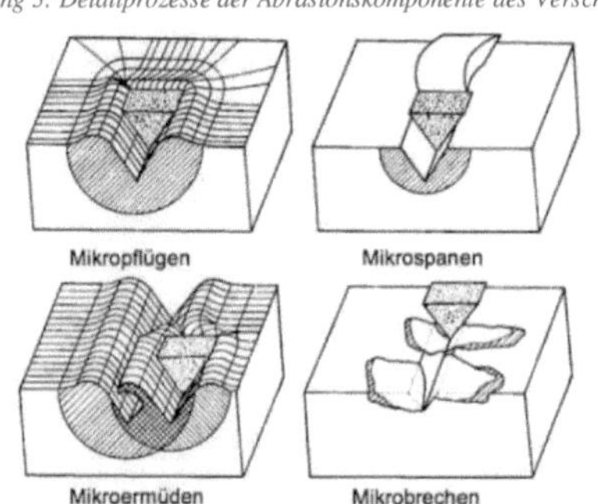

(Czichos & Habig 2015, S. 138)

4.3.3 Adhäsion

Beim Verschleiß durch Adhäsion spielen stoffliche Wechselwirkungen auf atomarer und molekularer Ebene eine Rolle. Häufig ist mangelnde Schmierung ein Problem. Durch lokal hohe Pressung werden an Oberflächenrauheitshügeln Teilchen abgeschert, bei der Grenzflächenbindungen entstehen. Dieser auch als „Kaltverschweißungen" bezeichneter Effekt führt bei einer Relativbewegung dann zum adhäsiven Verschleiß oder Haftverschleiß. (Czichos & Habig 2015, S. 142)

Abbildung 4: Modell des adhäsiven Verschleißes

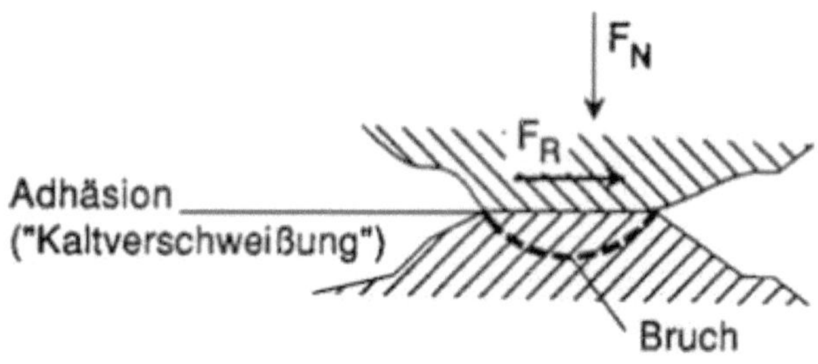

(Czichos & Habig 2015, S. 142)

4.3.4 Tribochemische Reaktionen

Tribochemische Reaktionen sind chemische Reaktionen in einem tribologischen Systems. Die beteiligten tribologischen Oberflächen reagieren dabei mit dem Umgebungsmedium. Bei einer Relativbewegung entstehen somit ständig neue Reaktionsprodukte, die zu Verschleiß führen. (Czichos & Habig 2015, S. 142f.)

4.4 Übersicht Mechanismen und Verschleißformen

Tabelle 1: Hauptverschleißmechanismen und deren Erscheinungsformen

Verschleiß-mechanismus	Beschreibung	Verschleiß-erscheinungsformen
Adhäsion	Ausbilden und Trennen von Haftverbindungen an der Grenzfläche (Kaltverschweissung, Fressen)	Fresser, Löcher, Kuppen, Schuppen, Materialübertrag
Abrasion	Materialabtrag durch ritzende Beanspruchung	Kratzer, Riefen, Mulden, Wellen

Tribochemische Reaktion	Entstehen von Reaktionsprodukten durch tribologische Beanspruchung bei chemischen Reaktionen von Grundkörper, Gegenkörper und Zwischen- bzw. Umgebungsmedium	Reaktionsprodukte Schichten, Partikel
Oberflächen-zerüttung	Ermüdung und Rissbildung durch Wechselbeanspruchung im Oberflächenbereich	Risse, Grübchen

Quelle: (Czichos & Habig 2015, S. 155)

5 Scheibenbremsen

5.1 Entwicklung und Geschichte

Das Bremssystem ist aus heutigen Nutzfahrzeugen nicht mehr wegzudenken. Jedoch waren Bremsen nicht immer Teil des Automobils. In der Anfangszeit des Automobilbaus wurden Bremsen als nebensächliches Beiwerk angesehen. Die Entwickler jener Zeit waren eher auf die Leistungssteigerung der Verbrennungsmotoren fokussiert. Der „Reitwagen", welcher 1885 von Gottlieb Daimler und Wilhelm Maybach gebaut wurde, erreichte gerade einmal eine Höchstgeschwindigkeit von 12 km/h (Breuer & Bill, 2012, S. 2). Die Reibung im Antriebsstrang viel so hoch aus, dass das Fahrzeug auch ohne Bremsen kontrolliert zum Stillstand gebracht werden konnte. Dementsprechend war die Entwicklung einer geeigneten Bremse, wie sie heute im Gebrauch ist, zunächst nebensächlich (Breuer & Bill, 2012, S. 2).

Nahezu zeitgleich setzte Carl Friedrich Benz auf die Klotzbremse, um seinen „dreirädrigen Patenwagen" kontrollieren zu können. Diese Klotzbremse ist keine neue Erfindung, sondern wurde von den damaligen Pferdekutschen übernommen. Durch einen Hebel wirkte die Bremse direkt auf die Hinterräder (Daimler AG, 2009).

Die Scheibenbremse wurde von Frederick W. Lanchester unter dem Namen „Lanchester-Scheibenbremse", erfunden. Er erhielt 1902 das Patent für seine Erfindung und ließ diese in den Personenwagen verbauen (Spiegel, 2011). Kurz zuvor, im Jahre 1899, führte Wilhelm Maybach die Trommelbremse ein (Spiegel, 2011). Das Bremsen erfolgt hierbei durch das Wirken von Bremsbelägen auf eine zylindrische Fläche. Bis Mitte des 20. Jhd. war die Trommelbremse die meistverbreitete Bremse, wurde jedoch seitdem immer mehr von der Scheibenbremse abgelöst (Breuer & Bill, 2012, S. 9).

Vor allem an den Vorderrädern setze man seit den sechziger Jahren auf die Scheibenbremsen. Bedingt durch die höheren Geschwindigkeiten, traten die Schwächen der Trommelbremse immer häufiger in den Vordergrund. Zu diesen Problemen zählen Temperaturprobleme, Reibschwankungen, Verschleiß und Geräuschbildung. An den Hinterrädern, an welchen thermische Probleme eine mindere Bedeutung haben, wurden weiterhin Trommelbremsen verbaut (Breuer & Bill, 2012, S. 9).

5.2 Aufbau der Scheibenbremse

Der grundlegende Aufbau einer Scheibenbremse besteht aus einem Bremssattel, Bremsbelägen und einer Bremsscheibe. Die Ausführung der Scheibenbremse basiert aus der technischen
Optimierung folgender Kenngrößen (Breuer & Bill, 2012, S. 124 ff.):

- Bauraum: Wird durch den vorhandenen Verbauplatz definiert und maßgeblich von
  Felgen- und Scheibendurchmesser bestimmt.

- Zuspannkraft: Die Zuspannkraft beschreibt den Kraftaufwand, welcher durch das Zu-
  sammendrücken des Sattels erzeugt wird. Das Gewicht, die Höchstgeschwindigkeit,
  sowie der Scheibendurchmesser und das Reibbelagmaterial bestimmen die benötigte
  Zuspannkraft.

- Verformung: Durch das Wirken der Zuspannkraft kommt es zu einer geringfügigen
  Verformung der Bremsscheibe.

- Gewicht: Das Gewicht der Bremsscheibe kann unerwünscht hohe Verformungen aus-
  gleichen.

- Temperaturverhalten: Der Bremsvorgang bewirkt eine Umwandlung von kinetischer
  Energie in thermische Energie. Je nach Auslegung der Scheibenbremse kann diese nur
  bis zu bestimmten Temperaturobergrenzen verwendet werden.

Die technische Optimierung dieser Kenngrößen definiert die Auslegung der Scheibenbremse.
Für die Dimensionierung der Bremse verwendet man den Bremsenkennwert (C*-Wert). Dieser spiegelt die Umsetzung der Bremskraft aus der notwendigen Aktivierungskraft wider
(Heißing, 2011, S. 171). Der C*-Wert einer Scheibenbremse beträgt 2µ und berechnet sich
aus dem Verhältnis der Reibkraft FB,U und der Zuspannkraft des Kolbens FSp (ARZ = Kolbenfläche; ρ =hydraulischer Druck; µ= Belagreibwert) (Breuer & Bill, 2012, S. 125):

$$Bremsenkennwert = 2 * \frac{Reibkraft}{Zuspannkraft\ des\ Kolbens}\ (1.1)\ \text{mit}$$

$$Reibkraft = ARZ * \rho * \mu\ (1.2)\ \text{und}$$

$$Zuspannkraft = ARZ * \rho\ (1.3)\ \text{gilt}$$

$$Bremsenkennwert = 2\mu\ (1.4)$$

Die Zuspannkraft wird der Kolbenmitte entnommen. Die Reibwerte von Scheibenbremsen
belaufen sich auf zwischen µ=0,35 bis 0,50 (daraus leitet sich ein Bremsenkennwert von

C*=0,7 bis 1,0 ab). Der Reibwert ist hier als Betriebsreibwert definiert und schwankt in Abhängigkeit der Scheibentemperatur, der Fahrzeuggeschwindigkeit und der Flächenpressung (Breuer & Bill, 2012, S. 125). Die Abbildung 5.1 zeigt die C*-Kennwerte von modernen Bremsen. Scheibenbremsen besitzen eine lineare Steigung des Bremsenkennwerts, in Abhängigkeit des Reibwertes. Dies resultiert aus dem geringen Verstärkungsfaktor (C*=2μ). Die Bremsscheibe wird von zwei Seiten belastet. Die Bremskraft ergibt sich aus der Multiplikation der beiden Angriffsflächen mit dem jeweiligen Reibkoeffizienten (Heißing, 2011, S. 171)

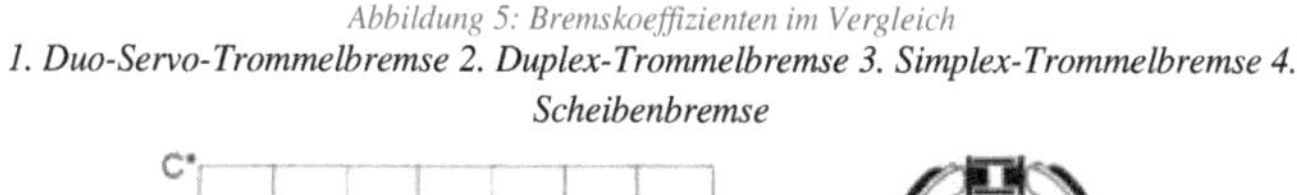

Abbildung 5: Bremskoeffizienten im Vergleich
1. Duo-Servo-Trommelbremse 2. Duplex-Trommelbremse 3. Simplex-Trommelbremse 4. Scheibenbremse

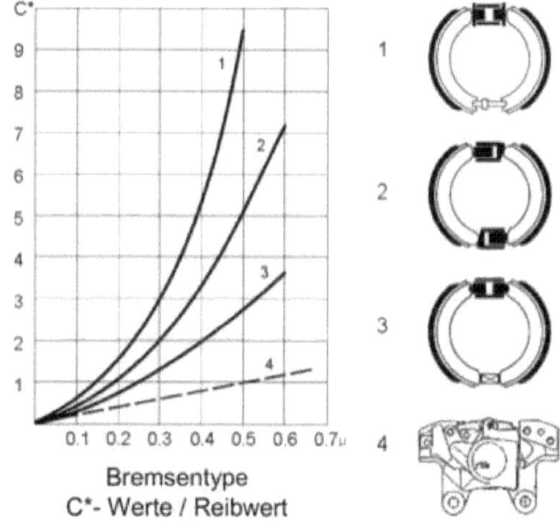

Quelle: (Braess & Seiffert, 2011, S. 505)

Trommelbremsen verfügen über einen Selbstverstärkungsfaktor. Durch das Anpressen der Bremsbacken gegen die Bremstrommel und dem daraus resultierenden Mitschleifen, verstärkt sich der Bremseffekt. Abhängig vom Aufbau der Trommelbremse kann diese Verstärkung zwischen C*=4μ bis C*=12,5μ liegen (Heißing, 2011, S. 172). Hohe Verstärkungen führen zu Bremsempfindlichkeiten. Für einen Bremsvorgang ist es jedoch essentiell, dass die Bremsenumfangkräfte nicht stark variieren, geringe Bremsempfindlichkeiten sind wünschenswert. Für Feststellbremsen sind hohe Selbstverstärkungen ideal. Aus einer geringen Handkraft (Betätigen der Handbremse) erfolgt eine sehr hohe Haltewirkung. Dies ist einer der wichtigsten Gründe, weshalb sich Scheibenbremsen an der Vorderachse durchgesetzt haben, an der Hinterachse jedoch weiterhin Trommelbremsen verbaut werden (Heißing, 2011, S. 172)

5.3 Bremssattel

Scheibenbremsen sind Axialbremsen, die Aktivierungskraft wirkt entlang einer Achse. Die Zuspannkraft des Sattels erfolgt durch die hydraulische Aktivierung der Bremszylinder in axialer Richtung auf die Bremsbeläge. Die Bremsbeläge und Kolben umgreifen die Bremsscheibe und ähneln im Aufbau einem Sattel (Heißing, 2011, S. 174). Das Gehäuse des Sattels besteht im Allgemeinen aus einem Kugelgraphitguss in den Qualitäten GGG50...60. Sollten Anforderungen an ein geringes Verbaugewicht bestehen, so setzt man verschraubte Gehäuse ein bzw. vollständig aus Aluminium gefertigte Gehäuse. Die Bremskolben werden aus Stahl, Grauguss oder Aluminiumlegierungen gefertigt (Breuer & Bill, 2012, S. 125). Es kann zwischen drei Sattelausführungen unterschieden werden (Braess & Seiffert, 2011, S. 176 ff.):

5.3.1 Festsattel

Dieser Sattel ist bei schweren PKWs mit Heckantrieb weit verbreitet. Das Gehäuse ist zweigeteilt und axial miteinander verschraubt. Es ist fest mit der Radaufhängung verbunden und verfügt über beidseitig angeordnete Bremszylinder. Vorteil dieses Sattels ist die geringe Volumenaufnahme im Betriebstemperaturbereich, welche aus der hohen Steifigkeit der Konstruktion resultiert (Braess & Seiffert, 2011, S. 506). Durch eine geringe Volumenaufnahme verkürzt sich der Bremspedalweg für den Fahrer und ermöglicht ein schnelleres Ansprechen der Bremsen (Haag, 2012, S. 4)

Abbildung 6: Festsattel
1. Bremsscheibe 2. Bremskolben 3. Hydraulischer Anschluss 4. Entlüftung

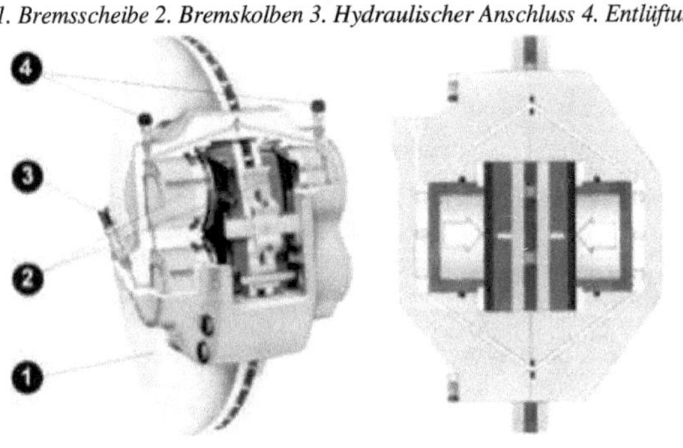

(Heißing, 2011, S. 175)

5.3.2 Rahmensattel

Beim Rahmensattel befinden sich die Bremskolben nur auf einer Seite. Dadurch lässt sich die Bremsscheibe tiefer in die Felgenschüssel einbauen. Dies vereinfacht die Realisierung eines negativen Rollradius (Braess & Seiffert, 2011, S. 506). Ein negativer Lenkrollradius ermöglicht eine stabilisierende Wirkung des Fahrzeuges beim Bremsvorgang (Braess & Seiffert, 2011, S. 592). Die Kraft des Kolbens wird mit einem beweglichem Rahmen auf den felgenseitigen Belag übertragen (Heißing, 2011, S. 176). Ein weiterer Vorteil ist die niedrige Bremsflüssigkeitstemperatur im Zylinder, da der große, offene Belagschacht eine gute Kühlung der Beläge erlaubt und die Bremsflüssigkeit, anders als beim Festsattel nicht an der evtl. heißen Bremsscheibe vorbeigeführt wird (Braess & Seiffert, 2011, S. 507).

Abbildung 7: Schwimmrahmensattel
1. Bremsscheibe 2. Kolben 3. Hydraulik-Anschluss 4. Entlüftungsschraube 5. Halter 6.
Rahmen

(Heißing, 2011, S. 176)

5.3.3 Faustsattel

Dieser Sattel verfügt über die gleichen Einbauvorteile des Rahmensattels, bietet jedoch eine kleiner Bauform und ein daraus resultierendes geringeres Gewicht.

5.4 Bremsscheibe

Beim Bremsvorgang gehen zunächst ca. 90% der umgesetzten Energie in die Bremsscheibe, welche diese Energie an die Umgebungsluft weiterträgt. Bei Bremsmanövern können somit Temperaturen bis zu 700°C entstehen (Braess & Seiffert, 2011, S. 509). Um mit diesen hohen Temperaturen umgehen zu können, gibt es verschiedene Konzeptansätze. So versucht man die Wärme über Doppelbremsscheiben zu verteilen oder verbessert die Kühlwirkung durch innenbelüftete Bremsscheiben. Weiterhin verbessert der Einsatz von gelochten bzw. genuteten

Bremsscheiben das Wärmeverhalten. Neben reinen Optimierungen der Bauform, kann auch der verwendete Werkstoff der Bremsscheibe angepasst werden. Bremsscheiben bestehen gewöhnlich aus Grauguss mit geringen Zusätzen von Chrom und Molybdän, welche dem Werkstoff eine höhere Verschleißfestigkeit und ein günstigeres Wärmerissverhalten verleihen (Braess & Seiffert, 2011, S. 509).

Abbildung 8: Vergleich von massiver und innengelüfteter Bremsscheibe

Quelle: (Braess & Seiffert, 2011, S. 509)

Eine relative Neuentwicklung ist die C/SiC-Bremsscheibe, die sogenannte Carbon Keramik Bremsscheibe. Die Vorteile der C/SiC-Bremsscheibe sind (Heißing, 2011, S. 179):

- Erhöhte Lebensdauer durch höhere Verschleißfestigkeit (bis zu 300 000 km)

- Höhere Temperaturbeständigkeit (über 700°C)

- Höhere Korrosionsbeständigkeit

5.4.1 Bremsbeläge

Die Bremsbeläge bestimmen wesentlich die Wirksamkeit der Bremse. Die chemische Zusammensetzung des Bremsbelags sowie die physikalischen Eigenschaften bestimmen die Qualität der Bremsanalage entscheidend (Breuer & Bill, 2012, S. 130). Rahmenbedingungen des Bremsbelages sind (Heißing, 2011, S. 179):

- Reibwerthöhe μ

- Geringe Geräuschbildung (Qutieschen und Rubbeln)

- Eine Reibwertkonstanz bei diversen Umwelteinflüssen (Schmutz, Nässe. Salz etc.)

- Geringer Verschleiß (sowohl des Belags, als auch des Reibpartners)

5.5 Funktionsweise

Die Funktionsweise der Scheibenbremse lässt sich aus den in Kapitel 1.2 hergeleiteten Kräften herleiten. Die Zuspannkraft (F_{sp}), resultierend aus dem hydraulischen Druck und der Kolbenfläche (vgl. Formel 1.3), wirkt beidseitig auf die Bremsscheibe und bewirkt die Umfangskraft ($F_U = F_{Sp} \times 2\mu$) mit dem wirkenden Reibradius r_a entsteht das Bremsmoment $M_B = F_U \times r_a$. Das Bremsmoment bewirkt die gewünschte Bremskraft und die damit gewünschte Verzögerung des Fahrzeuges (vgl. Abbildung 5.5) (Degenstein & Winner, 2008, S. 3)

Abbildung 9: Kräfte während des Bremsvorganges

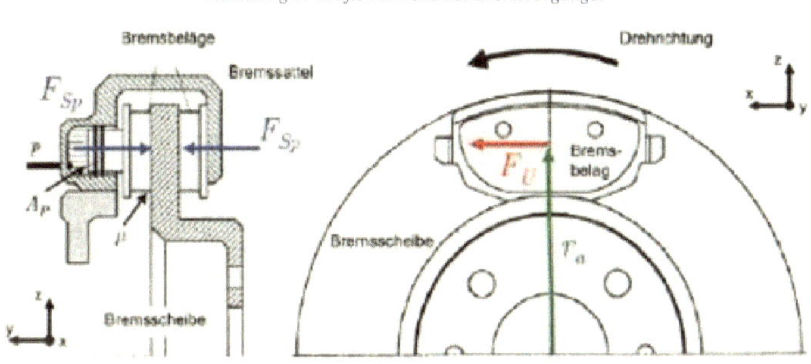

Quelle: (Degenstein & Winner, 2008, S. 3)

5.6 Sondereffekte

Bei Bremsvorgängen kann es zu verschiedenen Sondereffekten kommen. Im Folgenden werden mögliche Effekte kurz vorgestellt (Breuer & Bill, 2012, S. 123 ff.):

5.6.1 Fading

Der Reibwert der Bremsbeläge wird durch hohe Temperaturen beeinflusst. Während des Normalbetriebs der Bremse, dazu gehören auch Vollbremsungen bei Höchstgeschwindigkeiten, ist die Reibwertänderung sehr gering. Bei thermischer Überbeanspruchung kann das „Fading" entstehen. Diese Überbeanspruchung resultiert aus längeren Bremsvorgängen, aber auch durch oft nacheinander folgende Bremsvorgänge. Die gewünschte Fahrzeugverzögerung kann nur noch durch eine erhöhte Aktivierungskraft erfolgen. Die Ursache für Fading ist das „Ausgasen". Bestandteile des Belagmaterials verdampfen und bilden ein Glaspolster zwischen Belag und Reibfläche. Für den Rennsport gibt es spezielle „Rennbeläge", welche durch bestimmte Belagsmischungen erst bei hoher Betriebstemperatur ihren maximalen Reibwert erreichen (Breuer & Bill, 2012, S. 123 ff.).

5.6.2 Rubbeln

Hierbei handelt es sich um periodisch auftretende Bremskraftschwankungen. Diese Schwankungen werden durch die Karosserie, die Lenkung und das Bremspedal an den Fahrer weitergeleitet. Trotz konstanter Aktivierungskraft, durch betätigen des Bremspedals, kommt zu Bremskraftschwankungen. Gründe hierfür sind „Disc Thickness Variation" (DTV), unterschiedliche Dicken der Bremsscheibe, durch unterschiedlichen Verschleiß. Ein weiterer Grund ist die Bildung von „Hot Spots", welche durch thermische Überlast erzeugte Fleckenbildung verursacht. Diese Hot Spots verändern den Reibwert der Scheibe (Breuer & Bill, 2012, S. 124).

5.6.3 Thermo-Shock

Dieser Effekt gehört zu dem Verschleißverhalten der Bremsscheibe. Durchgängige Bremsbelastung mit großen Temperaturschwankungen führen Rissbildungen aufgrund der Wärmespannungen herbei. Diese Risse reduzieren die Scheibenfestigkeit. Bei fortgeschrittener Rissbildung muss die Bremsscheibe ausgetauscht werden (Breuer & Bill, 2012, S. 577).

5.7 Gründe für Carbon Bremsen

Carbon-Keramik-Bremsen sind stets Scheibenbremsen. Trommelbremsen werden nicht als Carbon-Keramik-Varianten angeboten. Im Vergleich zu herkömmlichen Bremsscheiben weisen C/SiC-Bremsscheiben einen extrem hohen Reibwert auf. Dies macht die Scheibe nahezu unempfindlich gegen Oberflächenfeuchtigkeit und Temperaturen. Diese Unempfindlichkeit wirkt dem Fading-Effekt (siehe Kapitel 5.6) entgegen und resultiert aus der hohen Zähigkeit, der niedrigen Dichte und der sehr hohen Thermoschockbeständigkeit des Werkstoffverbunds (Breuer & Bill, 2012, S. 578). Dieser Verbund kann Temperaturen bis zu 1600°C handhaben und ist somit fast doppelt so widerstandsfähig als andere Bremsscheiben.

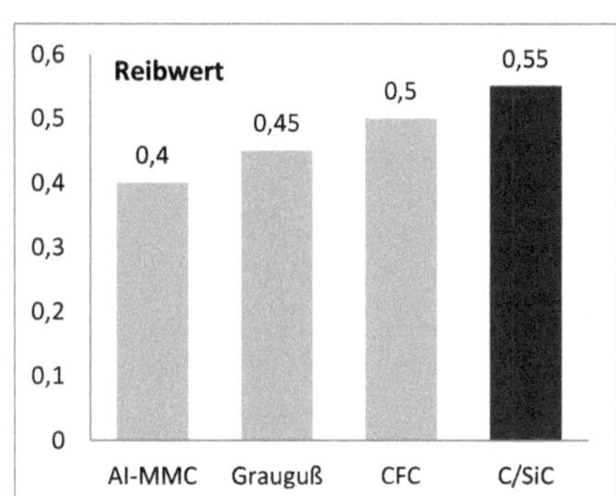

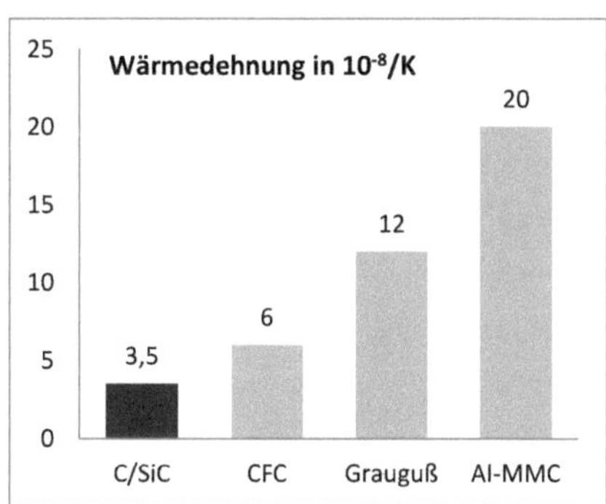

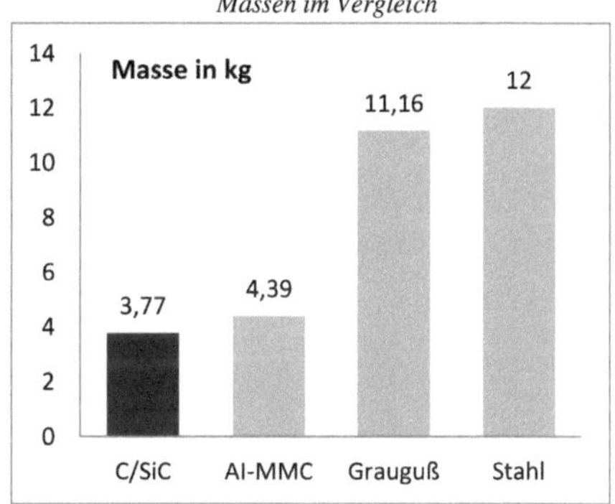

Quelle: (Braess & Seiffert, 2011, S. 509)

Ein weiterer Vorteil ist die Verschleißzähigkeit und Oxidationsbeständigkeit. Diese Eigenschaften verleihen der Bremsscheibe eine lange Lebenszeit von bis zu 300.00 km (Tuning-Blog, 2016). Des Weiteren sind Carbon-Keramik-Bremsscheiben um ein vielfaches leichter.

Der größte Nachteil der C/CiS- Bremsscheibe bleiben die hohen Produktionskosten und die damit verbundenen hohen Anschaffungs- und Wartungskosten (Tuning-Blog, 2016).

5.8 Wirtschaftliche Aspekte

Trotz eindeutiger Vorteile der Carbon-Keramik-Technologien handelt es sich bei diesen Bremsscheiben um geringe Stückzahlen. Nur etwa 4% aller in Westeuropa produzierter Fahrzeuge verfügen über C/SiC-Bremsscheiben. Der Großteil der Fahrzeuge verfügt über herkömmliche Scheiben. Von 15 Millionen produzierten Fahrzeugen (im Jahr 2002) verfügen etwa 630.000 Fahrzeuge über C/SiC-Bremsscheiben. Diese 4% lassen sich in „Sport – Cars" und „High-End"-Fahrzeuge unterteilen. Dies ist auf die hohen Produktionskosten zurück zu führen.

6 Werkstoff

6.1 Kohlenstofffaserverstärktes Siliziumcarbid

Wie der Name schon sagt ist die Carbon-Keramik-Bremsscheibe aus einem Verbundwerkstoff aus zwei Hauptkomponenten, Carbon und Keramik. Deren Eigenschaften werden in diesem Kapitel beschrieben und analysiert. Die beiden Stoffe werden eingesetzt, um positive Eigenschaften beider Stoffe zu kombinieren. Die Summenformel von Kohlenstofffaserverstärktes Siliziumcarbid ist C/SiC und wird als Karbonfaserverstärktes Siliziumcarbid bezeichnet. Der Werkstoff gehört zu den Faserverbundwerkstoffen, genauer den keramischen Faserverbundwerkstoffen, den sogenannten Ceramic Matrix Composites (CMC).

6.2 Herstellung

Der Herstellungsprozess von karbonfaserverstärkten Siliziumcarbid-Bremsen dauert über 20 Tage und besteht aus sieben Schritten. Die in Schritt eins gemischten Komponenten bestehend aus Harz und Kohlenstoff, werden in Schritt Zwei in die entsprechende Form gegeben und bei 150 °C gehärtet. Anschließend werden die Rohlinge Carbonisiert, dass heißt verbliebenes organisches Material wird zu Kohlenstoff gewandelt, was eine höhere Festigkeit und Steifigkeit bewirkt. Dieses poröse Material wird nach einer Zwischenbearbeitung Siliziert. Beim Silizieren fließt flüssiges Silizium bei über 1.400°C ein und reagiert mit Kohlenstoff zu Siliziumcarbid. Auf den Carbon Fasern, ist eine Schicht aus Kohlenstoff Atomen, mit Hilfe derer sich eine Schutzhülle aus SiC um die Fasern bildet. Zum Schluss wird die Scheibe noch Geschliffen, was sich aufgrund der extremen härte allerdings schwierig gestaltet und nur mit Diamantwerkzeug möglich ist. (SGL Group 2017)

Abbildung 11: Herstellungsprozess der Bremsscheibe

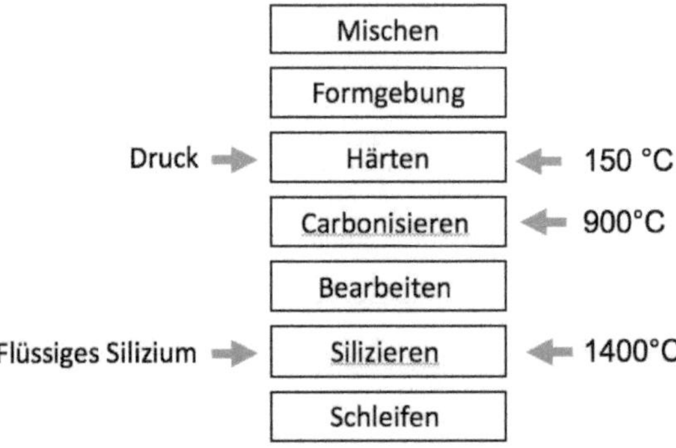

Quelle: Eigene Darstellung

Im Bild unten zu sehen, das C/SiC im Querschnitt, klar zu erkennen die Fasern längs und quer, umhüllt von einer Siliziumcarbid Schicht. Etwas heller im oberen Bereich des Bildes das Silizium. (Breuer 2013, S. 573)

Abbildung 12: Tragkörper einer C/SiC-Bremsscheibe im Schnitt

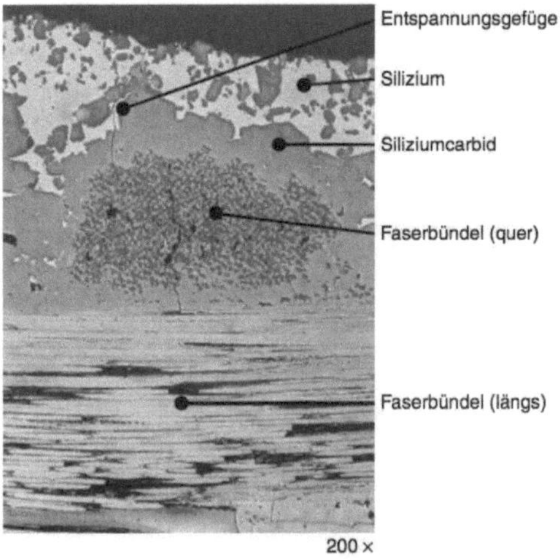

Quelle: (Breuer 2013, S. 573)

6.3 Eigenschaften von Karbonverstärktem Siliziumcarbit

Wie eingangs erwähnt Karbonverstärktem Siliziumcarbit verwendet um eine Kombination von Eigenschaften zu bewirken. Die Eigenschaften von Karbonverstärktem Siliziumcarbit sind:

- Mittlere Festigkeit

- Geringe offene Porosität

- Minimale Wärmedehnung

- Gute Zähigkeit

- Hohe Thermoschockbeständigkeit

- Hohe Oxidationsbeständigkeit

- Sehr gute Verschleißfestigkeit

- Niedrige Dichte (Breuer 2013, S. 574)

Daraus lassen sich die Vorteile von Karbonverstärktem Siliziumcarbit für die Nutzung in Bremsen ableiten:

- Hohe und gleich bleibende Reibwerte, unabhängig von der Oberflächenfeuchtigkeit und der Temperatur (keinen Fading-Effekt)

- Korrosionsbeständigkeit

- 70% leichter als herkömmliche Bremsscheiben. Die damit verbundene Verringerung der ausgefederten Massen führt zu einer besseren Straßenlage des Fahrzeugs

- Sehr geringe Dichte in Verbindung mit hoher spezifischer Festigkeit[1]

- die Komforteigenschaften sind besser (weniger Kalt- und Heißrubbeln); sie zeigt verbesserte Fading Eigenschaften und ermöglicht kürzere Bremswege.

Neben diesen Vorteilen weißt der Werkstoff allerdings auch ein paar Nachteile auf:

- Sehr hohe Produktionskosten

---

[1] Spezifischer Festigkeit ist die Festigkeit im Verhältnis zur Dichte und absoluten Festigkeitswerte maximal aufbringbare Beanspruchbarkeit durch mechanische Belastungen, bevor es zu einem Versagen kommt

- Eine schlechtere Wärmeleitung, was zu einer erhöhten Wärmebelastung der Bremsscheibenumgebung führt.

Tabelle 2: Eigenschaftsvergleich

Eigenschaft	Einheit	Werkstoff	
		Carbon-Keramik (C/SiC)	Grauguss (GG-20)
Dichte	g/cm3	2,45	7,25
Zugfestigkeit	N/mm2	20 ... 40	200 ... 250
Elastizitätsmodul	GPa	30	90 ... 110
Biegefestigkeit	MPa (Pa= N/mm2)	50 ... 80	150 ... 250
Bruchdehnung	%	0.3	0.3 ... 0.8
Temperaturwechselbeständigkeit zweiter Thermoschockoeffizient K'	W/m	> 27.000	< 5.400
Temperaturbeständigkeit	°C	1350	ca. 700
Maximale Einsatztemperatur (Bremsscheibe)	°C	900	700
Wärmeleitfähigkeit	W/mK	40	54
spezifische Wärmekapazitäten (c_p)	kJ/kg	1160	455

Quelle: Breuer 2013, S. 573

7 Tribologisches System Scheibenbremse

7.1 Systembeschreibung

Die technische Funktion der Bremsanlage ist die Bewegungshemmung. Das Beanspruchungs-
kollektiv im Festkörper-Festkörper System besteht aus Spannkraft, Umfangskraft und Reibungszahl. (vgl. Kapitel 3 Reibung)

Die Struktur des Tribologischen Systems besteht aus vier Elementen. Das Wirkflächenpaar
setzt sich zusammen aus Bremsscheibe und Bremsbacken, bestehend aus Karbonverstärktem
Siliziumcarbit. Da beim Bremsen eine maximale Reibung erzeugt werden soll, ist kein Zwischenstoff vorhanden. Das Umgebungsmedium ist Luft.

Im System kommen die Verschleißarten Abrasion, Oberflächenzerrüttung und Tribochemi-
scher Verschleiß vor, wobei letzteres den Hauptanteil hat.

7.2 Gleitverschleiß

Der Gleitverschleiß tritt in tribologischen Systemen zwischen zwei Werkstoffen mit relativen
Gleitbewegung auf. Es wird unterschieden zwischen Systemen mit Zwischenstoff (z.B.
Schmierstoff) und ohne.

Weitere Unterschiedungsmerkmale sind:

- Grenzreibung (mit Zwischenstoff)

- Festkörperreibung (ohne Zwichenstoff)

- Mischreibung

Je nach Tribologischem System können alle drei Verschleißmechanismen auftreten. Diese
können sich im Kontaktbereich örtlich und zeitlich überlagern oder auch einander ablösen.

7.3 Verschleiß von Carbon-Keramik-Bremsscheiben

7.3.1 Abrasiver Verschleiß

Graugussbremsscheiben haben bei normaler thermischer Belastung im öffentlichen Straßenverkehr haben durch abrasiven Verschleiß, eine Abnahme der Dicke. Dieser Effekt tritt bei aus C/SiC aufgrund der hohen Oberflächenhärte nicht auf. (Breuer 2013, S. 577)

7.3.2 Rissbildung durch Oberflächenzerrüttung

Eine hohe Belastung und dadurch verursachte Wärmespannung führt bei Graugussscheiben zu rissen, die dann einen Austausch erforderlich machen. Aufgrund der hohen Thermoschockbeständigkeit von Carbon-Keramik-Bremsscheiben, ist die Rissbildung im Vergleich zu Graugussscheiben sehr reduziert und kann vernachlässigt werden. (Breuer 2013, S. 578)

7.3.3 Tribochemische Reaktion bei Bremsen

Eine hohe Betriebstemperatur (>400 °C) verursachte die Oxidation der Kohlenstoffasern an der C/SiC-Bremsscheiben. Die Porosität und Gefüge des Materials führen zusätzlich zu einer Beeinflussung der Tragestruktur der Scheibe. Messbarer Gewichtsverlust, eine rauere Oberfläche und ein Rückgang der Scheibenfestigkeit sind die Folgen des Faserabbrandes. Der Thermische Verschleiß ist somit der Hauptgrund für die Lebensdauerbegrenzung von C/SiC-Bremsscheiben. Durch Faserschutz kann Oxidation verzögert aber nicht gänzlich verhindert werden. (Breuer 2013, S. 578) Im Bild unten zu sehen, die Reibschicht einer C/SiC-Bremsscheiben und die mit VI angezeigte Stelle im Bild ist ein extra eingebrachter Verschleisindikator. Dieser VI ist ein bewusst oxidationsempfindlicher Materialmix, mit Hilfe dessen man den Verschleiß ablesen kann.

Abbildung 13: Verschleißindikator ausgebrannt Verschleißgrenze erreicht

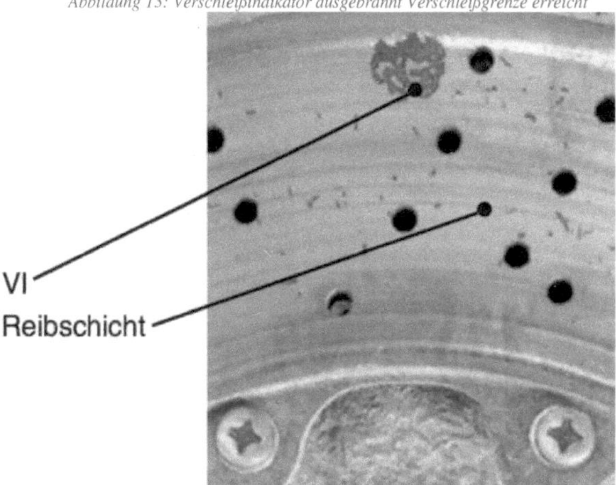

Quelle: (Breuer 2013, S. 578)

8 Fazit

Argumente für karbonfaserverstärkte Siliziumkarbit-Bremssysteme sind die bis zu 70% Gewichtsreduzierung und die dadurch reduzierte ungefederter Massen gegenüber Grauguss-Bremsscheiben. Die reduzierten rotierenden und ungefederten Massen verbessern die Lenkbarkeit, die Straßenlage sowie die Lebensdauer der Stoßdämpfer. Korrosion tritt an den C/SiC Bremsscheiben nicht auf. Die hohe Verschleißfestigkeit erlaubt eine Lebensdauer von ca. 300.000 km unter normalen Fahrbedingungen. Durch den sehr geringen Wärmeausdehnungskoeffizienten verziehen sich die Scheiben nicht. Heißrubbeln und sog. Hot Spots treten nicht auf. Speziell für C/SiC-Scheiben entwickelte Bremsbeläge haben eine bis zu doppelt so lange Lebensdauer wie Konventionelle. Zusätzlich nehmen C/SiC Bremsscheiben kein Wasser auf und sind fadingstabil.

Die Nachteile von C/SiC Bremsscheiben sind hauptsächlich die sehr hohe Produktionskosten und eine schlechtere Wärmeleitung, was zu einer erhöhten Wärmebelastung der Bremsscheibenumgebung führt.

Daraus ergibt sich das Fazit, dass die Vorteile die sehr hohen Kosten für viele Anwendung nicht rechtfertigen. Eine Daseinsberechtigung hat die C/SiC Bremsscheiben hauptsächlich für Spezialanwendungen. Dies könnte sich mittelfristig durch Kostensenkung ändern, sodass die C/SiC Bremsscheiben auch für Massenanwendungen Kosteneffizient wird.

A Literaturverzeichnis

Braess, H.-H., & Seiffert, U. (2011). Vieweg Handbuch Kraftfahrzeuge. Wiesbaden: Springer Fachmedien.

Breuer, B., & Bill, K. H. (2012). Bremsenhandbuch. Wiesbaden: Springer Fachmedien.

Daimler AG. (01. Oktober 2009). Abgerufen am 29. Mai 2017 von http://media.daimler.com/marsMediaSite/de/instance/ko/Das-erste-Automobil-der-Welt-ist-ein-Dreirad.xhtml?oid=9908369

Haag, M. (2012). Modellierung der Radbremse für virtuelle Prüfstandsversuche im frühen Auslegungsstadium. Darmstadt: TU Darmstadt.

Heißing, B. (2011). Fahrwerkhandbuch. Wiesbaden: Springer Fachmedien.

Mahr. (29. September 2014). Abgerufen am 29. Mai 2017 von https://www.mahr.com/de/Leistungen/Fertigungsmesstechnik/Der-News--und-Praxis-Blog/?BlogCategory=&BlogArchiveMonth=9&BlogArchiveYear=2014

Mein-Autolexikon. (kein Datum). Abgerufen am 29. Mai 2017 von http://www.mein-autolexikon.de/bremse/trommelbremse.html

Spiegel. (28. Januar 2011). Spiegel. Abgerufen am 29. Mai 2017 von http://www.focus.de/auto/gebrauchtwagen/oldtimer/automobilentstehung/tid-21088/125-jahre-automobil-bremsen_aid_593000.html

Breuer, Bert (Hg.) 2013. Bremsenhandbuch: Grundlagen, Komponenten, Systeme, Fahrdynamik ; mit 53 Tabellen. 4., überarb. und erw. Aufl. Wiesbaden: Springer Vieweg.

Czichos, Horst & Habig, Karl-Heinz (Hg.) 2015. Tribologie-Handbuch: Tribometrie, Tribomaterialien, Tribotechnik. 4., vollst. überarb. und erw. Aufl. Wiesbaden: Springer Vieweg.

Santner, Erich, Fischer & Deters, Ludger 2002. Arbeitsblatt 7 TRIBOLOGIE. Aachen.

SGL Group 2017. Carbon Keramik Bremsscheibe | SGL CARBON. http://www.sglgroup.com/cms/de/Produkte/Produktgruppen/Verbundwerkstoff-Komponenten/Carbon-Keramik-Bremsscheiben/index.html?__locale=de [Stand 2017-05-23].